BEI GRIN MACHT SICH IHR WISSEN BEZAHLT

- Wir veröffentlichen Ihre Hausarbeit,
  Bachelor- und Masterarbeit

- Ihr eigenes eBook und Buch -
  weltweit in allen wichtigen Shops

- Verdienen Sie an jedem Verkauf

Jetzt bei www.GRIN.com hochladen
und kostenlos publizieren

Bibliografische Information der Deutschen Nationalbibliothek:

Die Deutsche Bibliothek verzeichnet diese Publikation in der Deutschen National-
bibliografie; detaillierte bibliografische Daten sind im Internet über http://dnb.d-
nb.de/ abrufbar.

Impressum:

Copyright © 2016 GRIN Verlag
Druck und Bindung: Books on Demand GmbH, Norderstedt Germany
ISBN: 9783668634602

Dieses Buch bei GRIN:

https://www.grin.com/document/412386

Chris K.

Ein dritter Nationalpark in Bayern. Ansätze für den Geographieunterricht

GRIN Verlag

Inhalt

Einleitung

Auf einer Pressekonferenz im Anschluss an eine Klausurtagung im Juli 2016 verkündete Bayerns Ministerpräsident Horst Seehofer, dass Bayern einen dritten Nationalpark bekommen soll. Die SPD forderte sofort Franken als Region, in welcher der neue Nationalpark verwirklicht wird, der schon im Voraus mit Fokus auf ein Waldschutzgebiet definiert wurde. Die Grünen versuchten den Steigerwald wieder ins Spiel zu bringen, der von Seehofer von vornherein kategorisch ausgeschlossen wurde, da er diesbezüglich eine Vereinbarung mit drei Landräten getroffen habe. Umweltministerin Ulrike Scharf nennt die Rhön und den Spessart, Umweltschutzverbände sprechen sich kurz darauf für den Spessart aus, manche Gemeinden fühlen sich übergangen[1].

Politisch hat das Thema also einiges ins Rollen gebracht, aber ist es auch brauchbar für den Geographieunterricht? Genauer für den Geographieunterricht einer neunten Mittelschulklasse? Bietet es ausreichend Gesellschaftsrelevanz, Fachrelevanz und auch Schülerrelevanz? Und wenn ja, wie lässt sich dies methodisch umsetzen, was sind die didaktischen Ziele einer Beschäftigung mit dem Themenkomplex „dritter Nationalpark in Bayern"? Diesen Fragen wird die vorliegende Arbeit nachgehen.

1. Didaktische Analyse

1.1 Stellung im Lehrplan

Im LehrplanPLUS der bayerischen Mittelschulen ist das übergreifende Ziel der Bildung für nachhaltige Entwicklung im Sinne einer Umweltbildung und des Globalen Lernens verankert[2]. Dort heißt es: „Ein verantwortungsvoller Umgang mit Natur und Umwelt lässt die Schülerinnen und Schüler mögliche globale Folgen ihres eigenen lokalen Handelns erfahren."[3] Es geht also um den Kontakt zum eigenen Raumverhalten in Bezug auf die Natur, von dem dann wieder (globale) Schlüsse abgeleitet werden können. Das Thema „Dritter Nationalpark in Bayern" bietet auf vielfältige Weise solche lebensnahen Anknüpfungspunkte. Wie sieht die Natur in meiner Umgebung aus? Wie verhalten sich die Menschen zu ihr? Welche Folgen kann das haben? Mit Hilfe dieser Anknüpfungspunkte können auch die inhaltlich vorgegebenen, globalen Beschäftigungsbereiche des Lehrplans in der neunten Mittelschulklasse wie beispielsweise die Entkolonialisierungsbewegung in Indien oder Afrika[4] besser verstanden werden, indem ein Zugang durch persönliche Involviertheit gelegt wird, von dem aus viel besser gelernt werden kann, als wenn ein nur „abstraktes" Thema vorliegt.

---

[1] AUER Katja, SEBALD Christian: Nationalpark-Pläne stoßen im Spessart auf Widerstand. In: Süddeutsche Zeitung, 03.08.16
[2] http://www.lehrplanplus.bayern.de/fachprofil/mittelschule/gpg
[3] http://www.lehrplanplus.bayern.de/fachprofil/mittelschule/gpg
[4] https://www.isb.bayern.de/download/13264/04lp_gse_9_m.pdf

1.2   Feststellung des Grobziels

Als mögliche Grobziele würden sowohl die Kenntnisse sachlicher Kriterien für die Errichtung eines Nationalparks in Frage kommen, als auch die Frage, warum diese für den Einzelnen und die Gesellschaft im Ganzen sinnvoll sind. Warum haben Nationalparks eine hohe Bedeutung für den Menschen? Was wiederum im Umkehrschluss das hohe Konfliktpotential verdeutlicht, welches die Suche nach einem geeigneten Standort in sich trägt, wobei die Kriterien wieder eine Rolle spielen. Wir möchten dennoch bei dem existentielleren Thema der Betroffenheit des Einzelnen und der Gesellschaft im Ganzen bleiben und das Grobziel der Unterrichtseinheit somit folgendermaßen beschreiben: Die Schülerinnen und Schüler erörtern die Bedeutung von Nationalparks für den Menschen, seine Gesundheit, seine Verantwortung für nachfolgende Generationen.

1.3   Unterrichtsprinzipien: Gesellschaftsrelevanz, Fachrelevanz, Schülerrelevanz

Der Themenkomplex Nachhaltigkeit spielt beim Unterrichtsgegenstand „Dritter Nationalpark in Bayern" eine entscheidende Rolle. Die Schüler_innen setzen sich damit auseinander, was in Bezug auf Natur und der Beziehung zwischen Mensch und Umwelt schützenswert ist. Was ist überhaupt wertvoll und warum? Was hat einen Wert für mich und die Gesellschaft im Ganzen? Was kann getan werden um diese Gebiete und Regionen zu bewahren oder zu ihrer Ursprünglichkeit zurückzuführen? Ist es nachhaltig viel Geld auszugeben um Nachhaltigkeit zu praktizieren? Diese Fragen und viele mehr tauchen auf, sobald die Thematik dritter Nationalpark in Bayern in den Blick rückt. Dabei spielt vor allem die Zukunfts- und Gegenwartsbedeutung eine wichtige Rolle, die sich beide um die Gesellschaftsrelevanz drehen. Was können Nationalparks dem Klimawandel entgegen setzen? Was der Modediagnose Burnout? Wie hängt die Gesundheit des Menschen zusammen mit einer gewissen „Gesundheit" der Natur? Heißt die Natur zu retten automatisch, die Menschheit retten oder hat sich diese schon viel zu weit von jener entfernt? Was brauche ich, damit es mir gut geht? Welche Rolle spielt dabei die Natur? Was wäre wenn man die gesamte Welt, mit allen Lebewesen, Pflanzen und Molekülen als ein Wesen betrachtet, von dem auch ich ein Teil bin? Die Wälder und alle Pflanzen wären dann so etwas wie die Lunge und ich? Ein Bakterium, das sich einbildet mehr zu sein? Ein Baustein von etwas, das ich gar nicht überblicke?

Damit ist man schnell bei der Schülerrelevanz angelangt und bei existentiellen Fragen, die eine Schnittmenge zur Ethik und Philosophie aufweisen, insgesamt aber ein „ur-geographisches" Thema sind: Das Verhältnis des Menschen zu seiner Umwelt. Seine Rolle in Bezug auf diese, seine Beziehung zu ihr, die Auswirkungen seines Handelns und Denkens, was alles in allem die Fachrelevanz des Themenkomplexes Nationalpark ausmacht. Die Beschäftigung bietet zudem das Einüben geographischer Fachmethoden.

Weniger tiefgründig aber genauso wichtig ist die politische Komponente. Nationalparks als eine Forderung und Umsetzungsmöglichkeit von Umwelt- und Nachhaltigkeitspolitik und Politik im Ganzen als eine Ausformungsmöglichkeit des mündigen Staatsbürgers, der sich als Weltbürger sieht und Ziel einer wahren Bildung ist, deren Todfeind die Halbbildung darstellt[5], die sich in diesem Fall nur mit den Auswendiglernen existierender Nationalparks oder den Pro und Contra Argumenten für bestimmte Regionen in Bayern beschäftigen würde. Ziel ist es, die Schüler_innen – und damit meinen wir jeden Einzelnen – in die Thematik zu verwickeln. Deswegen scheint es wenig sinnvoll, das Thema im Geographieunterricht nur oberflächlich zu behandeln, indem zum Beispiel nur auf die Kriterien für Nationalparks oder die Eignung des einen oder anderen Gebiets eingegangen wird. Ziel muss sein die Schülerinnen und Schüller in die Thematik zu verwickeln, sie betroffen zu machen, ihnen die Möglichkeit zu geben sich als Betroffene zu empfinden. Mögliche Impulse dafür könnten sein: In deiner Region soll ein Nationalpark errichtet werden – was hältst du davon? Der Klimawandel ist zu großen Teilen vom Menschen verursacht – denkst du es ist wichtig, das zu wissen? Was würde anders werden, wenn alle Menschen darüber Bescheid wüssten? Kannst du als einzelner überhaupt etwas tun? Was passiert wenn nichts passiert? Sind Nationalparks eine Möglichkeit, in diesen Fragen voran zu kommen? Oder bergen sie die Gefahr, ihnen auszuweichen? Sind sie so etwas wie Ablassbriefe, die das Gewissen rein waschen oder Oasen, um mit einer weitestgehend unberührten Natur in Kontakt zu kommen, die dann wiederum etwas in mir verändert? Was ist mit der Natur, die nie ein Mensch betritt? Was ist Ursprünglichkeit? Ist die Existenz des Menschen und die Forderung nach Ursprünglichkeit nicht ein Widerspruch in sich? – damit schließt sich der Kreis erneut zu den existentiellen Fragen und wir haben den Themenkomplex Nationalpark einmal, auf eine Art und Weise umrundet, die nur eine Möglichkeit von vielen darstellt und nie zu Ende geht, wenn eine fundierte Auseinandersetzung das Ziel ist, die immer in Spiralen verläuft und niemals gleich.

Wichtig ist, das Thema für die einzelnen Schülerinnen interessant zu machen, sie anzustoßen, damit sie über die Gesellschafts- und Fachrelevanz wieder auf sich zurückkommen. Im Idealfall haben sie auf diesem Weg etwas gelernt und kommen verändert zurück. Die geographische Fachrelevanz wird dabei allein durch die Reflexion der eigenen Beziehung zum Naturraum, dem Raumverhalten und der Beschäftigung mit der differenzierten Betrachtung von Gebieten erfüllt. Die Gesellschaftsrelevanz durch die Themenfelder Nachhaltigkeit und Verantwortung gegenüber künftigen Generationen und die Schülerrelevanz ist vermutlich am schwierigsten zu bewerkstelligen aber am wichtigsten, damit der Lernprozess überhaupt beginnt. Die Frage wie man die einzelnen Schüler_innen involviert, lässt sich allgemein kaum beantworten. Wichtig ist zunächst: Lebt meine

---

[5] ADORNO, Theodor W.: Theorie der Halbbildung. In: Gesammelte Schriften, Band 8: Soziologische Schriften Suhrkamp, Frankfurt/M.: 1972, S. 93-121

Klasse zum Großteil in einer städtischen oder ländlichen Region? Wo liegen die Interessen der einzelnen Schüler? Wie ist der Status Quo ihrer Umwelt und Naturraumbeziehung. Bei einer Klasse im großstädtischen Raum wäre vielleicht eine vorangehende erlebenspädagogische Exkursion im Wald sinnvoll. Bei einer Klasse auf „dem Land" ein Anreiz zur Reflexion des Bekannten.

2.   Sachanalyse

2.1   Nationalparks – Definition schützenswerter Gebiete

Das Wort „Nationalpark" ist ein gängiger Begriff. Doch sobald es darum geht, zu sagen, was einen Nationalpark auszeichnet, warum es in dieser Region einen gibt, in jener aber nicht wird es schwieriger.

Die *International Union for Conservation of Nature and Natural Resources* definiert Gebiete, die als Nationalparks in Frage kommen zunächst einmal und ganz grundlegend als schützenswert[6]. Die Gründe für den Schutz lassen sich in zwei Bereiche aufgliedern. Zunächst einmal ist es der landschaftliche Reiz, der ein Gebiet schützenswert macht. Das heißt ein Gebiet, das als schön, faszinierend oder irgendwie beeindruckend wahrgenommen wird, was viel Spielraum für individuelle Interpretationen lässt. Nicht jeder Mensch findet das gleiche schön, was den einen beeindruckt macht dem anderen womöglich Angst. Vielleicht liegt hier bereits eine Ursache für die vielen Konflikte, die entstehen, wenn eine Region sich mit der Frage auseinandersetzt, einen Nationalpark zu errichten.

Das zweite Kriterium ist der ökologische Wert. Das Gebiet sollte ökologisch besonders wertvoll sein. Als Beispiel lassen sich hier Moore nennen, die bei deutlich geringerer Fläche doppelt so viel CO_2 speichern als alle Wälder der Erde. Aber auch ein besonders hoher Artenreichtum oder das Vorkommen seltener Tier- und Pflanzenarten sprechen für einen besonderen ökologischen Wert, der sich vermutlich deutlicher „messen" lässt als das zuerst genannte ästhetische Kriterium aber dennoch an Wertfragen geknüpft ist. Was kümmert es mich, wenn eine Insektenart ausstirbt? Warum soll ich eine Pflanze schützen, von der ich nichts habe, die ich nicht essen oder anderweitig verwerten kann, wenn ich auf der gleichen Fläche Holzwirtschaft betreiben könnte? Es gibt also auch hier unterschiedliche Möglichkeiten der Auslegung und eine gewisse Grundsensibilität, die nicht jeder Mensch von sich aus aufweist.

Bei der Frage, warum diese Gebiete geschützt und für jetzige sowie zukünftige Generationen erhalten werden sollen kommen weitere Kriterien und Begründungsmuster ins Spiel. Eine weitestgehend „unberührte" Natur ist vor allem auch für die Forschung im Bereich der Biologie, der Geologie oder Chemie von Interesse. Wenn es Kulturlandschaften sind, die geschützt werden, dann

---

[6]   https://www.iucn.org/theme/protected-areas/about/protected-area-categories/category-ii-national-park

auch für Anthropologen, Ethnologen und Archäologen, deren Erkenntnisse und möglichen Forschungsergebnisse wiederum einen Wert für die existierende Gesellschaft haben oder haben können. Direkt profitiert „die Gesellschaft" oder besser jeder einzelne Bürger, wenn das Kriterium der Möglichkeit zur Erholung auftaucht. Es ist wissenschaftlich bewiesen, dass Natur, z.B. Bäume eine beruhigende Wirkung auf den Menschen haben[7]. Dafür gibt es unterschiedliche Begründungstheorien, die eine weitere Arbeit in Anspruch nehmen würden. Wichtig ist: Ursprüngliche Natur hat einen positiven Einfluss auf den Menschen, seine Wahrnehmung, seine Psyche, was sie zu einem schützenswerten Gut macht. In ihr erlebt der Mensch „das andere", das nicht von Menschen erschaffene, sondern das, aus dem er oder sie selbst kommt, sich durch die Kultur in allen Ausformungen davon entfernt hat aber immer noch in Verbindung steht mit dem natürlichen, nicht kulturellen, dem biologischen, weshalb es vermutlich auch unser Körper ist, der positiv auf eine natürliche Umwelt reagiert und damit wieder die Psyche beeinflusst. Deshalb spielt laut IUCN auch die Spiritualität, die ich in der Natur erfahren kann eine Rolle bei der Errichtung von Nationalparks. Aber auch kognitive Elemente, wie Umweltbildung und -schulung – sowohl für Kinder als auch für Erwachsene.[8]

Dabei sollen 75% der Fläche sich selbst überlassen werden, was nicht kategorisch bedeutet, dass der Mensch gar nicht eingreifen darf. Wenn es darum geht eine Kulturlandschaft zu erhalten oder bedrohte Tier- und Pflanzenarten zu schützen ist eine menschliche Regulation erlaubt, nicht aber für ökonomische Zwecke. Diesen darf auf 25% der deklarierten Fläche nachgegangen werden, wo sowohl Forst- und Landwirtschaft als auch die Jagd erlaubt sind.[9]

Was erschwerend hinzukommt ist, dass jedes Land unterschiedliche Gesetze in Bezug auf den Naturschutz aufweist und auch die Regelungen zu Nationalparks von Staat zu Staat unterschiedlich gehandhabt werden. Eine detaillierte Auseinandersetzung mit diesen Unterscheiden würde aber den Rahmen der vorliegenden Arbeit sprengen.

2.2 Erfahrungen bereits existierender Nationalparks in Bayern

Wichtig bei der Frage nach einem dritten, sind die Erfahrungen der beiden bereits existierenden Nationalparks in Bayern.

In aller Kürze und allgemein lässt sich sagen, dass tendenziell ein Anstieg des Durchschnitts-einkommens in der Region in der ein Nationalpark errichtet wird festzustellen ist und neue Arbeitsplätze entstehen[10]. Dies liegt zum einen am Anstieg des Tourismus andererseits auch an der

---

[7]   WOHLLEBEN, Peter: Das geheime Leben der Bäume. Ludwig Verlag, München: 2015
[8]   https://www.iucn.org/theme/protected-areas/about/protected-area-categories/category-ii-national-park
[9]   https://www.iucn.org/theme/protected-areas/about/protected-area-categories/category-ii-national-park
[10] Job, Hubert; Mayer, Marius (Hrsg.): Tourismus und Regionalentwicklung in Bayern; Arbeitsberichte der ARL. Hannover: 2013-

Notwendigkeit der Betreuung und Verwaltung eines Schutzgebietes. Dass dies alles in allem eine wirtschaftliche Chance, gerade für den strukturschwachen ländlichen Raum und Peripherregionen darstellt, lässt sich nicht leugnen.

Wenn man die Entwicklung im Bayerischen Wald betrachtet, muss man jedoch vorsichtig sein, einen Nationalpark als automatischen Tourismusmotor zu sehen[11]. Es spielt immer auch eine Rolle, wie der Tourismus, die Anwerbung von Touristen und beispielsweise die Ausbreitung von großen Hotelketten im Vergleich zu kleineren Familienbetrieben gehandhabt und politisch umgesetzt wird.

2.3   Die „Kandidaten" – Spessart, Steigerwald, Rhön

Als Horst Seehofer bekannt gab, dass Bayern einen dritten Nationalpark bekommen soll, schloss er eine Region von vornherein aus: den Steigerwald. Dort hatte es bereits im Jahr 2007 Bestrebungen in diese Richtung gegeben, die aber auf großen Widerstand in der Bevölkerung trafen[12]. Ein Aktionsbündis gegen einen geplanten Nationalpark gründete sich, das den Intentionen mehrerer Naturschutzverbände gegenüberstand. Als Zwischenlösung wurde ein Naturschutzgebiet errichtet, das dann wieder aberkannt wurde, was zur heftigen Auseinandersetzung zwischen Politik und Naturschutzverbänden führte, die vor Gericht gebracht wurden.[13] Obwohl der Steigerwald von Seehofer kategorisch ausgeschlossen wurde, da er da eine Vereinbarung mit drei Landräten habe, brachten ihn z.B. Politiker der Grünen wieder ins Gespräch, da er mit seinen über 300 Jahren alten Buchenwäldern durchaus geeignet wäre[14]. Auch bleibt es fraglich wie authentisch es ist, die Forderung nach einer sorgfältigen Prüfung aller in Frage kommenden Gebiete zu stellen während eines aus politischen Gründen außen vor gelassen wird.

Bleiben noch der Spessart und die Rhön. Die unterfränkische Kreisgruppe des Bund Naturschutz hat sich für den Spessart ausgesprochen. Dort gäbe es große, alte Buchenwälder, die ein zusammenhängendes Gebiet darstellen und deshalb dringend geschützt werden sollten. Dem gegenüber steht die lange Tradition der Holzwirtschaft im Spessart und das Misstrauen vieler Bewohner.

Also doch die Rhön? Manche Naturschützer befürchten eine Umbenennung eines bereits existierenden Schutzgebietes anstatt einer Neuentstehung, da die Rhön bereits seit 1991 UNESCO Biosphärenreservat ist. Außerdem gebe es zu wenige großflächig zusammenhängende Wälder. Befürworter der Rhön als Nationalpark halten mit dem Hohen Artenreichtum dagegen, den seltenen Tier und Pflanzenarten, mit dem höheren Schutzfaktor durch einen möglichen Nationalparkstatus

---

[11] Job, Hubert; Mayer, Marius (Hrsg.): Tourismus und Regionalentwicklung in Bayern; Arbeitsberichte der ARL. Hannover: 2013. S. 56-61
[12] Siehe z.B.: http://www.unser-steigerwald.de/blog/
[13] http://www.br.de/nachrichten/unterfranken/inhalt/steigerwald-nationalpark-streit-chronologie-100.html
[14] http://www.br.de/nachrichten/nationalpark-spessart-rhoen-100.html

und den guten Erfahrungen der bereits existierenden Kernzonen, die bereits einer vollständig unberührten Natur nahe kommen. Zudem gibt es in der Rhön bedeutende Geotope, wie den Vulkankrater am Gebirgstein und eine schützenswerte Kulturlandschaft, was über den „Waldnationalpark" hinaus reizvoll wäre.

2.4   Die Diskussion um einen Nationalpark im Spessart

Abbildung 1: Die Lage des Spessart[15]

Seit mehreren Monaten gibt es in Bayern eine Diskussion über einen neuen, dritten Nationalpark neben dem bereits 1970 eingereichten Nationalpark Bayerischer Wald und dem 1978 eingerichteten Nationalpark Berchtesgaden (vgl. Bayerischer Rundfunk: „Spessart oder Rhön? Was hat Bayern von einem dritten Nationalpark?").

Weil sich Horst Seehofer schon im Vorfeld gegen einen Nationalpark im Steigerwald ausgesprochen hat, drehte sich die Diskussion schwerpunktmäßig um die Rhön und den Spessart. Dabei lassen sich verschiedenste Positionen und Parteien erkennen.

Im Folgenden werden die verschiedenen Positionen der Befürworter, Gegner und den mediativ Tätigen in der Diskussion um einen Nationalpark im Spessart betrachtet.

---

[15] https://www.greenpeacemuenchen.de/images/stories/Gruppen/Wald/spessart_karte_05022012.png

Die Befürworter

Der BUND Naturschutz spricht sich für einen Nationalpark im Spessart aus. Er würde sich positiv auf den nachhaltigen Tourismus auswirken, aufgrund der Lage im Rhein-Main-Gebiet. Diese Position vertreten die Kreisgruppen Aschaffenburg, Main-Spessart und Miltenberg. Weitere Argumente der Kreisgruppen sind jene, dass es sich um einen guten Waldbestand handelt, da in den Wäldern im Spessart über 180 Jahre alte Buchen und 300 Jahre alte Eichen wachsen. Auch könne durch einen Nationalpark die Populationsentwicklung von Eremit, Mittelspecht und Halsbandschnepper gefördert werden. Darüber hinaus ist der Spessart eine der größten zusammenhängenden Waldgebiete Deutschlands[16]. Eine weitere Naturschutzorganisation, welche sich für den Nationalpark ausspricht ist Greenpeace. Sie führen das Argument an, dass Buchenwälder europarechtlich unter Schutz stehen und deswegen für diese schon aus genanntem Grund ein Schutzkonzept erarbeitet werden müsse. Greenpeace ist der Meinung, dass man somit im Zuge dessen auch einen Nationalpark errichten kann[17]. Zur Gruppe der Befürworter gehören auch die Touristenverbände. Ziel der Touristenverbände bzw. -vereine ist die Interessensvertretung ihrer Mitglieder in Politik, Wirtschaft und Öffentlichkeit. Zum Beispiel Städte, Gemeinden, Hotel und Gaststättenverband etc.[18]. Sie sprechen sich für einen Nationalpark aus, da dieser noch mehr Touristen in die Region locken würde und er darüber hinaus zu einem Imagegewinn beitragen könnte.

Die Gegner

Als Gegner des Nationalparks sprechen sich vor allem die Bürger aus. Auffällig ist hierbei, dass sie oft Argumente aufführen, die in einer ungenügenden Auseinandersetzung mit dem Thema Nationalpark und in einem Misstrauen den Politikern gegenüber begründet sind. So sind sie der Meinung, dass die Politiker im Süden Bayerns keinen Nationalpark mehr durchsetzen können und sie es deshalb im Norden versuchen[19]. Darüber hinaus nutzen viele Bürger schon seit mehreren Jahrhunderten den Wald. Da die Gemeinden Staatsforstrechte besitzen, können die Bürger vom Wald profitieren und haben somit ein Anrecht auf Holz, Beeren und Pilze des Waldes. Um die 65000 Menschen profitieren davon in der Region[20].

Der Geschäftsführer der Forstbetriebsgemeinschaft Main-Spessart-West e.V. Stefan Gruber stellt sich auf die Seite der Bürger, wenn er meint, in einem Privatwald werde es keinen Nationalpark geben. Unabhängig davon ist er der Meinung, die Artenvielfalt sei in einem bewirtschafteten Wald

---

[16] Bayerischer Rundfunk: „Dritter Nationalpark in Bayern? Unterfränkische Naturschützer für den Spessart"
[17] Main-Post: „Nationalpark: Spessart mit guten Chancen".
[18] Spektrum.de: Tourismusverband
[19] Main-Post: „Nationalpark Rhön? Habermann ist skeptisch"
[20] Main-Post: „Nationalpark: Spessart mit guten Chancen"

höher, da hier durch die Eingriffe des Menschen weniger Monokulturen entstehen[21]. Forstbetriebsgemeinschaften sind privatrechtliche Zusammenschlüsse von Waldbesitzern, die den Zweck verfolgen, die gemeinschaftliche Bewirtschaftung zu verbessern. Zum Beispiel unzureichende Walderschließung oder Flächengestalt[22]. Der Vorstand der CSU-Landtagsfraktion im bayerischen Landtag Peter Winter ist der Meinung der meisten Bürger und der Forstbetriebsgemeinschaft. So ist er davon überzeugt, dass die Bürger es sich nicht nehmen lassen, Holz aus dem Wald zu holen. Die Bewirtschaftung des Waldes trage dazu bei, dass die Eichenhaine überleben können, da sie sonst durch die Buche verdrängt würden[23]. Der Landrat Main-Spessart Thomas Schiebel (Freie Wähler) zeigt sich zum einen verwundert über die Staatsregierung, welche Nationalparks beschließe ohne sich mit den betreffenden Regionen zusammenzusetzen. Zum anderen wird im Spessart jetzt schon auf den Naturschutz geachtet. Denn Bestände werden geschützt, da der Spessart schon Naturpark ist[24]. Ein Naturpark ist ein großräumiges Gebiet, das als Landschaftsschutzgebiet oder Naturschutzgebiet ausgewiesen ist. Er dient aber vorrangig der Erholung[25].

Mediative / kompromissbereite Positionen:

Neben den Befürwortern und Gegnern des Nationalparks gibt es auch solche Stimmen, welche sich eher mediativ oder kompromissbereit in die Diskussion einbringen.

Zu den Kompromissbereiten gehört auch die Schutzgemeinschaft Deutscher Wald, welche ein gesetzlich anerkannter Naturschutzverband ist[26]. Sie sprechen sich für eine Alternative zum Nationalpark aus, das Naturreservat. Der Wald würde dann zwar weniger streng geschützt werden, dafür aber großflächiger.
Internationale Schutzgebietkategorien des IUCN besagen: Ein strenges Naturreservat, hat die
höchste Klasse des Schutzes, mit nur beschränkter Zugänglichkeit, Forscher ausgenommen
In Deutschland werden die Kriterien aber durch die Gesetzgeber ausgelegt, weshalb diese Kategorien nicht ohne weiteres übertragbar sind[27]. Der Vorsitzende der Forstgemeinschaft Main-Spessart West Stefan Pfeuffer meint, einen Nationalpark sollte es nur in den Regionen geben, in denen sich die Bürger dafür aussprechen. Eine sehr mediative Rolle nimmt die bayerische

---

[21] Süddeutsche-Zeitung: „Rhön oder Spessart oder irgendwo"
[22] deutsches-jagd-lexikon.de: Forstbetriebsgemeinschaft

[23] Süddeutsche-Zeitung: „Nationalpark-Pläne stoßen im Spessart auf Widerstand"
[24] Main-Post: „Nationalpark: Spessart mit guten Chancen"
[25] bfn.de: Naturparke
[26] www.sdw.de
[27] wwf.de: Schutzgebietskriterien

Umweltministerin Ulrike Scharf ein._Sie setzt sich mit den in Frage kommenden Landräten der Regionen zusammen und spricht über die Möglichkeiten der Machbarkeit eines Nationalparks[28]

2.4.1 Aktuelle Entwicklungen

Mittlerweile sprechen sich erste Überlegungen der bayerischen Staatsregierungen sich für den Spessart aus.

Am 22.11.2016 gab es ein Treffen in München, zu dem Ulrike Scharf eingeladen hat wo auch die Landräte aus den Kreisen Miltenberg, Main-Spessart und Aschaffenburg dabei sind. Dies sind Vertreter der den Spessart betreffenden Landkreise. Die in Frage kommenden Gebiete des Staatswaldes im Spessart sollen näher definiert werden. Anfang des Jahres soll es dann zu Gesprächen mit den beteiligten Kommunalpolitikern und Verbänden kommen um Chancen und Risiken abzuwägen[29].

<u>Überblick: „Runder Tisch"</u>

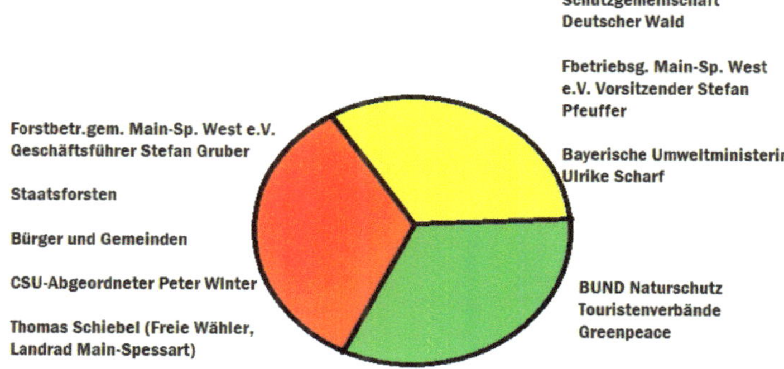

Abbildung 2: Überblick "Runder Tisch" - Die verschiedenen Streitparteien streiten im übertragenen Sinne an einem Tisch

---

[28] Süddeutsche-Zeitung: „Rhön oder Spessart oder irgendwo"

[29] Main-Post: „Erste Gespräche mit Vertretern aus dem Spessart"

3. Lernziele

3.1 Richtziel

Die Schüler_innen sollen eine Verstädnis dafür entwickeln was Nachhaltigkeit für sie selbst und die Gesellschaft im Ganzen bedeutet und wie sie in diese Thematik involviert sind. Sie erlangen ein Bewusstsein für die Wichtigkeit der Natur und ihrer Prozesse und können sich in Umweltpoltischen Fragen zumindest grob positionieren, Argumente gegeneinander abwiegen und ihre Positionen rhetorisch vertreten. Dabei agieren sie als mündiger Staatsbürger, der oder die seine Meinung differenziert bildet und offen ist für Diskurs und Austausch.

3.2 Grobziel

Die SuS können wiedergeben, was ein Nationalpark ist. Die SuS können Vor- und Nachteile eines möglichen Nationalparks in der Rhön erörtern und eine Bewertung vornehmen.

Die Schülerinnen und Schüler erörtern die Bedeutung von Nationalparks für den Menschen, seine Gesundheit und seine Verantwortung für nachfolgende Generationen. Das Themenfeld Nationalpark wird im Zusammenhang der Nachhaltigkeit und Regionalpolitik gedacht.

Man erkennt an diesem Grobziel den Verlauf der Stunde, der den Schülerinnen und Schülern einen immer höher werdenden Anforderungsbereich abfordert. Nachdem die Schüler Fachwissen über einen Nationalpark und die aktuelle Diskussion um einen Nationalpark erlangt haben, können sie nun selber Vor- und Nachteile herausarbeiten und diese sogar in einer Diskussion bewerten.

3.3 Feinziele

Die Schüler_innen sollen bei einer Podiumsdiskussion im Rahmen eines Planspiels die Rolle einer Interessenspartei möglichst authentisch spielen. Dafür vertiefen sie sich in die Argumentationsstrukturen, die Hoffnungen und Ängste einzelner Personengruppen, wobei sie sich auch über ihre eigenen Einstellungen klarer werden.

Die Feinziele setzen sich aus den kognitiven Lernzielen, den instrumentellen Lernzielen, den affektiven Lernzielen und den sozialen Lernzielen zusammen.

3.3.1 Kognitive Lernziele

Die Schülerinnen und Schüler wissen was ein Nationalpark ist, welche Kriterien erfüllt sein müssen, damit ein Gebiet diesen Titel erhält, wie ein Nationalpark ungefähr aufgebaut und organisiert ist, welche Regeln dort herrschen. Sie kennen Außerdem die wirtschaftlichen Vorteile, die durch einen Nationalpark für die Bevölerung einer Region entstehen aber auch die Risiken, die mit einem rein profitorientierten Tourismus zusammen hängen[30]. Zudem kennen sie die Interessensparteien, die sich im Falle „dritter Nationalpark in Bayern" herauskristallisieren und exemplarisch sind, für Umweltpolitische Vorhaben. Da sind auf der Pro Seite die Naturschutzorganisationen, andererseits besorgte Bürger und Waldbesitzer auf der Contra Seite sowie die Gemeinde, die zwischen beiden vermitteln und sich selbst positionieren muss. Die Schülerinnen und Schüler kennen die jeweiligen Argumente, die Anliegen und Sorgen der Parteien.

3.3.2 Instrumentelle Lernziele

Diese verschiedenen Positionen können die Schüler_innen abwiegen, in ein Verhältnis bringen und schließlich für sich selbst zu einem Urteil kommen, ob ein Nationalpark in dem und dem Gebiet (z.B. der Rhön) sinnvoll wäre. Diese Position, generiert aus These, Antithese und Synthese können sie begründen und verteidigen, wobei sie auf die vorher verinnerlichten Argumente zurückgreifen.

3.3.3 Affektive Lernziele

Die Schüler_innen empfinden nach, wie wichtig ihnen persönlich eine intakte Natur ist, im Idealfall können sie ihre Verbindung zu dieser verbalisieren oder anders, z.B. künstlerisch, darstellen. Außerdem werden sie sich über ihre Verantwortung nachfolgenden Generationen gegenüber bewusst, ohne dies als negativen Druck zu werten, sondern als Chance und Wichtigkeit der persönlichen Entscheidungen und des eigenen Verhaltens, was darüber hinaus dazu führt, sich als Teil eines größeren, sinnvollen Ganzen zu verstehen und damit dem mündigen, verantwortungsbewussten Bürger näher zu kommen, der das Ziel von Bildung darstellt. Verantwortung aber auch so etwas wie eine positive Ehrfurcht, könnten damit als affektive Lernziele genannt werden aber auch Spaß im Umgang mit und dem Schutz der Natur, Geborgenheit in Bezug auf das Getragen sein in ihr, Erholung und Spiritualität.

3.3.4 Soziale Lernziele

Im Rahmen des Planspiels und der Podiumsdiskussion lernen die Schüler_innen soziale Kompetenzen wie Kommunikationsfähigkeit und üben diese ein. Sie kommen in Kontakt mit anderen Meinungen und lernen diese zu akzeptieren und/oder im Diskurs zu verändern, zu verinnerlichen oder abzulehnen, wobei sie sich immer in einem sozial verträglichen Rahmen bewegen, den sie idealerweise währenddessen ausloten, gemeinsam bestimmen und ausdiskutieren. Dabei werden sowohl Kritikfähigkeit als auch Toleranz geschult, genauso Höflichkeit im Umgang

---

[30] JOB, Hubert; Mayer, Marius (Hrsg.): Tourismus und Regionalentwicklung in Bayern; Arbeitsberichte der ARL. Hannover: 2013. S. 56-61

mit anderen Menschen und rhetorische Elemente. Die Erfahrung wird gemacht, dass Menschen unterschiedliche Meinungen und Ansichten haben, das auch gut so ist und einem gegenseitigen Bemühen um Verständnis aber auch vertreten der eigenen Positionen nicht im Weg steht. Dabei spielen auch moralische Werte und Einstellungen eine wichtige Rolle.

4.   Methodische Analyse

Bei der erarbeiteten Stunde handelt es sich um eine 45-minütige Einzelstunde. In dieser Stunde sollen die Schülerinnen und Schüler zum einen lernen was ein Nationalpark ist und wo sich bereits Nationalparks in Bayern befinden. Zu anderen sollen die Schüler ein Planspiel durchführen, welches realitätsnah an eine Diskussion über einen Nationalpark in der Rhön angelehnt ist. Das Planspiel ist eine projektartige Methode, weshalb es im Idealfall mehr Zeit als eine Unterrichtsstunde benötigt. Da die Vorgaben aber von einer Unterrichtsstunde ausgehen, können einzelne Unterrichtsphasen nur zeitlich verkürzt ausgeführt werden. Als Beispiel sei hier die vierte Erarbeitungsphase genannt. Darüber hinaus zieht sich das Planspiel zum Teil, aus genannten Grünen, noch in eine weitere Unterrichtsstunde.

4.1   Die Verwendete Methode für den Unterricht: Das Planspiel

Ein Planspiel ist eine mehr regelgeleitete und gelenktere Erweiterung eines Rollenspiels. Es ermöglicht den Schülern durch Veränderung einzelner Parameter kausale Zusammenhänge besser zu verstehen [31].
Bei einem Planspiel handelt es sich um eine Rekonstruktion oder Antizipation von Realsituationen, bei dem verschiedene Akteure ihre Interessen durchsetzen wollen. Mehrere Schüler (Rollengruppe) vertreten die Interessen einer Gruppe von Menschen und diskutieren diese in einer Diskussion[32]. Durch ein Planspiel kann die Handlungsorientierung auch außerhalb der Schule gefördert werden[33].

4.1.1   Offene und geschlossene Planspiele

Das offene Planspiel wird angewendet, wenn eine Konfliktsituation mit offener Lösung gegeben ist. Das geschlossene Planspiel wird verwendet, wenn das Ergebnis gegeben ist, aber die notwendigen

---

[31] BÖHN, Dieter und Obermaier, Gabriele (Hrsg.) (2013): Wörterbuch der Geographiedidaktik. Begriffe von A-Z. Braunschweig. S. 259f.
[32] RINSCHEDE, Gisbert (2007): Geographiedidaktik. 3. Aufl., Paderborn. S. 279f.
[33] BÖHN, Dieter und Obermaier, Gabriele (Hrsg.) (2013): Wörterbuch der Geographiedidaktik. Begriffe von A-Z. Braunschweig. S.152.

Entscheidungen auf dieses Ziel hin noch gefunden werden müssen. Dann kann man das Ergebnis und die Diskussionsbeiträge mit der Realität vergleichen[34].

4.1.2   Die Hauptphasen eines Planspiels

Ein Planspiel durchläuft mehrere Phasen. Diese sind im Folgenden erläutert.

4.1.2.1 Vorbereitungsphase

Die Vorbereitungsphase findet mit der gesamten Klasse statt. Hier geht es vor allem um die Motivation und die Planung des Planspiels. Dabei sit es wichtig, den Spielablauf zu klären, aber auch die Problemlage und den Sinn des Planspiels.

4.1.2.2 Informations- und Erarbeitungsphase

Diese Phase findet mit den einzelnen Gruppen statt, die sich gebildet haben, also den einzelnen Interessengruppen. Dabei gliedert sich die Erarbeitungsphase in das Erarbeiten der Informationen, die Diskussion des Inhaltes und der gemeinsam vertretenen Meinung, das Argumente zusammenbringen und das Entwickeln von Argumentationsstrategien, sowie das Planen wie man auf Kritik der anderen Gruppen reagiert.

4.1.2.3 Entscheidungsphase

Zur Entscheidungsphase finden in einer Plenumsdiskussion die Vertreter der Interessengruppen zusammen und Diskutieren. Die Entscheidungsphase gliedert sich in die Eröffnung und Leitung der Diskussion, meist durch den Lehrer. Die Vertreter der Interessensgruppen tragen daraufhin ihre Argumente vor und finden Gegenargumente, evtl. stellen sie Anträge und stimmen darüber ab. Am Ende der Diskussion wird versucht eine Gesamtlösung zu finden, es wird also ein Kompromiss erarbeitet.

4.1.2.4 Reflexionsphase

Die Reflexionsphase findet mit der gesamten Klasse statt. Die Schüler analysieren ihr Rollenverhalten, finden Distanz zu ihren Rollen, analysieren den Kommunikationsprozess und beurteilen die inhaltlichen Argumente und Entscheidungen[35].

---

[34] RINSCHEDE, Gisbert (2007): Geographiedidaktik. 3. Aufl., Paderborn. S. 280f.

[35] RINSCHEDE, Gisbert (2007): Geographiedidaktik. 3. Aufl., Paderborn. S.280.

4.1.3 Die Vorteile des Einsatzes eines Planspiels

Es gibt einige Vorteile im Planspiel, die es sinnvoll machen, es im Unterricht einzusetzen. Zu aller erst wird natürlich die Kommunikationsfähigkeit gefördert. Es wird verlangt, sich argumentativ mit einem Gegenüber auseinander zu setzen. Auch werden in den Besprechungen der Interessensgruppen verschiedenste Kommunikationsfähigkeiten trainiert. Darüber hinaus wird gelernt, sich eigenständig zu Informieren und diese Informationen auszuwerten. Ein besonderer Vorteil des Planspiels liegt darin, dass es einen starken Realitätsbezug haben kann und aktuelle Gesellschaftliche Probleme aufgreifen kann. Durch den Prozess sich zu einem Thema mit verschiedenen Positionen auseinander zu setzen lernen die Schüler auch ihr eigenes Wissen in einem größeren Zusammenhang zu sehen[36].

4.1.4 Die Nachteile des Einsatzes eines Planspiels

Das Planspiel hat aber auch einige Nachteile. Es kann kein einheitliches Wissen vermittelt werden. Somit dient ein Planspiel nicht dem Wissenszuwachs, sondern der Entscheidungsfindung. Auch die Länge des Planspiels spielt hier negativ mit rein, denn es ist die Zeit, in der kein Faktenwissen vermittelt werden kann[37]. Aufgrund dieser Länge des Planspiels und des erhöhten Vorbereitungsaufwandes eignen sich Planspiele sehr gut für Projekte[38]. Der gesamte Prozessablauf ist mit sehr viel Unruhe verbunden, die es erfordert, dass Arbeitstechniken und Verhaltensweisen bereits sicher eingeübt worden sind. Die Diskutanten benötigen eine engagierte Identifikation mit den Rollen um bei der Entscheidungsfindung bestehen zu können[39].

4.2 Unterrichtsverlauf

Einen guten Einstieg in das Thema „Braucht Bayern einen dritten Nationalpark, z.B. in der Rhön?" bietet das Rundschau-Video „Neuer Nationalpark: Welche Landschaften kommen in Frage?" vom 09.11.2016 vom BR. Hier erfahren die Schüler anschaulich und vor allem visuell welche Diskussion aktuell um einen dritten Nationalpark in Bayern geführt wird. In einem anschließenden Lehrer-Schüler-Gespräch werden die Schüler zu vorhandenem Hintergrundwissen wie „Kennst du alle erwähnten Gebiete?" befragt. Diese Art des Einstiegs aktiviert ihre Aufmerksamkeit und ihr Interesse für das Thema.

---

[36] RINSCHEDE, Gisbert (2007): Geographiedidaktik. 3. Aufl., Paderborn. S.282.
[37] RINSCHEDE, Gisbert (2007): Geographiedidaktik. 3. Aufl., Paderborn. S.282.
[38] BÖHN, Dieter und Obermaier, Gabriele (Hrsg.) (2013): Wörterbuch der Geographiedidaktik. Begriffe von A-Z. Braunschweig. S.260.
[39] RINSCHEDE, Gisbert (2007): Geographiedidaktik. 3. Aufl., Paderborn. S.282.

In einer ca. fünf-minütigen Unterrichtsphase werden im Atlas die bestehenden und die in Frage kommenden Nationalparks lokalisiert. So werden die Nationalparks besser veranschaulicht und es entsteht ein Grundwissen darüber, wo sich diese befinden. Zudem wird ein Tafelbild erarbeitet, welches im Lehrervortrag geschieht. Dieses Tafelbild wird anschließend in das Geographieheft übertragen in Form einer Teilsicherung als Hefteintrag. Da die Mittelschüler einen ständigen Wechsel der Methoden- und Sozialformen benötigen, ist es hier angebracht, dass der Lehrer das Tafelbild selbst erstellt. Auch in Anbetracht der geringen zur Verfügung stehenden Zeit ist dies von Vorteil. Man kann aber erwarten, dass diese Unterrichtsphase mehr als fünf Minuten dauert. Wenn dies der Fall sein sollte, wird die Vorbereitung des Planspiels ein wenig straffer durchgezogen.

Als unmittelbare Vorbereitung auf das anstehende Planspiel werdend in einer zweiten Erarbeitungsphase mit Hilfe des Podcastausschnittes „Notizbuch: Nah dran Bayern" (Bayern 2, 10.11.2016) verschiedene Positionen in der Diskussion um einen dritten Nationalpark in Bayern erarbeitet und benannt. Dies geschieht in einem Lehrer-Schüler-Gespräch und trägt zur Meinungsbildung zum Thema bei. Darüber hinaus werden den Schülern verschiedene Standpunkte deutlich.

Nun beginnt die Vorbereitung des Planspiels, indem die Schülerinnen und Schüler das Gruppenmaterial im Hinblick auf Argumente für ihre Interessenspartei durchgehen. Ein Planspiel eignet sich gut, um die aktuelle Diskussion um den dritten Nationalpark auch in der Schule nachzuempfinden. Vor allem weil es bei diesem Thema nicht nur um reine Faktenvermittlung, sondern vielmehr um das Problematisieren der Entscheidungsfindung für einen Nationalpark geht. So können die Schülerinnen und Schüler am Ende der Stunde die Diskussion wesentlich besser nachvollziehen. Ebenso erlangen sie Kompetenzen, die in zukünftigen Diskussionen von Vorteil sein werden. Im Zuge der der Vorbereitung des Planspiels werden drei Gruppen gebildet, die aus Befürwortern, Gegnern und mediativ auftretenden Personen bestehen. Unter den Befürwortern befinden sich zum Beispiel Naturschutzverbände und unter den Gegnern die Meinung der Bürger. Die Befürworter werden von Klaus Schenk mit Informationen beliefert. Die mediativ tätigen durch Gerd Kleinhenz. Die Gruppen versuchen auf eine gemeinsame Argumentationslinie zu kommen und sie wählen für das Planspiel jeweils einen Sprecher/in.

In der dritten Erarbeitungsphase wird das Planspiel durchgeführt. Dies fördert im Besonderen die soziale Kompetenz der Schüler. Sie müssen sich mit anderen Meinungen auseinandersetzen und ihre eigene Meinung dabei verteidigen. Zu guter letzt müssen sie aber einen Kompromiss finden, der alle Parteien zufrieden stellt.

Die dritte Erarbeitungsphase dauert nur wenige Minuten und dient dem Reflektieren des Planspiels und dem Rollenverhalten der Schüler. Diese Unterrichtsphase ist wichtig, denn nur so können die Schüler reflektieren, ob ihr „Verhalten" einer sachlichen Diskussion angemessen war und wo es

Schwachpunkte und Stärken gab. Für ihr Zukünftiges Verhalten in argumentativen Auseinandersetzungen ist diese Phase also enorm wichtig.

Die Unterrichtsstunde ist jetzt zu Ende, das Projekt Planspiel jedoch noch nicht. Es ist wichtig, dass die Schülerinnen und Schüler dieses Planspiel auf die Realität übertragen können. Im Idealfall macht dies jeder in Eigenleistung. Denn nur so wird gewährleistet, dass jeder durch das Planspiel ein über das konkrete Thema hinausgehende Lernleistung erbracht hat. Deshalb ist genau dies die Hausaufgabe zur kommenden Stunde.

In der kommenden Stunde wird die Hausaufgabe besprochen und darüber hinaus die Ergebnisse der Diskussion aus der vierten Erarbeitungsphase durch einen Tafelanschrieb und Hefteintrag festgehalten. Dies führt zu einem gesicherteren Lerneffekt bei den Schülerinnen und Schülern.

4.3   Arbeitsmaterialien

In der Arbeitsgruppe der „Naturschützer" steht den Schüler_innen eine Vielzahl von Broschüren des Biosphärenreservats Rhön zur Verfügung. Zum Beispiel zu seltenen Tier- und Pflanzenarten, den kulturlandschaftlichen Gegebenheiten oder den Geotopen. Außerdem liegt eine Karte der für einen Nationalpark in Frage kommenden Waldgebiete vor. Zudem gibt es die Möglichkeit im Internet zu recherchieren.

Im Sinne eines Expertengesprächs können die Schüler_innen in der Arbeitsgruppe Naturschützer den Bürgermeister eines betroffenen Gebiets anrufen und ihn oder sie zu der Stellung der Gemeinde interviewen. Die Lehrkraft hat dies zuvor mit dem Lokalpolitiker vereinbart. Darüber hinaus steht auch ihnen die Internetrecherche zur Verfügung.

Die Arbeitsgruppe „Gegner" erhält eine didaktisch aufbereitete Auswahl von Internetseiten verschiedener Nationalparkgegner und wird angehalten auch selbst im Internet zu recherchieren. Sie erhält ebenfalls die Karte der für einen Nationalpark in Frage kommenden Waldgebiete.

4.4   Arbeitsaufgabe

Die Schüler_innen erarbeiten in den Arbeitsgruppen die stärksten Argumente für ihre Interessenspartei, denken über mögliche Argumente der „Gegner" nach und bestimmen einen Schüler oder eine Schülerin zur Vertretung der Gruppe in der Podiumsdiskussion.

Der Arbeitsauftrag lautet:

Findet euch in eurer Gruppe zusammen, die eine Interessenspartei in der Diskussion um einen möglichen Nationalpark Rhön darstellt. Beschäftigt euch mit dem vorliegenden Material und bearbeitet folgende Fragen:

1. Was zeichnet eure Interessensgruppe aus, für was steht ihr ein?
2. Was sind eure stärksten Argumente?
3. Wie könnten die Argumente der „Gegner" lauten und wer sind diese?

Wo liegen mögliche Kompromisse?

Haltet eure stärksten Argumente schriftlich fest und wählt eine Person aus, die für euch an der Podiumsdiskussion teilnimmt.

5. Reflexion

Die Reflexion wird aus zeitlichen Gründen, welche sich aufgrund des Planspiels ergeben, nachgereicht.

6. Quellen

6.1 Monographien

BÖHN, Dieter und OBERMAIER, Gabriele (Hrsg.) (2013): Wörterbuch der Geographiedidaktik. Begriffe von A-Z. Braunschweig.

JOB, Hubert (2003): Inwertsetzung alpiner Nationalparks: eine regionalwirtschaftliche Analyse des Tourismus im Alpenpark Berchtesgaden. Kallmünz [u.a.]. Lassleben.

JOB, Hubert; Mayer, Marius (Hrsg.) (2013): Tourismus und Regionalentwicklung in Bayern; Arbeitsberichte der ARL. Hannover.

KNAPP, Hans D. (2016): Nationalpark. Zeitschrift Ausgabe März 2016

RINSCHEDE, Gisbert (2007): Geographiedidaktik. 3. Aufl., Paderborn.

WOHLLEBEN, Peter (2015): Das geheime Leben der Bäume. Ludwig Verlag, München.

6.2 Sammelbände

ADORNO, Theodor W. (1972): Theorie der Halbbildung. In: Gesammelte Schriften, Band 8: Soziologische Schriften. Frankfurt/M. S. 93-121.

6.3 Internetquellen

Bayerischer Rundfunk: „Spessart oder Rhön? Was hat Bayern von einem dritten Nationalpark?" URL: http://www.br.de/radio/bayern2/gesellschaft/tagesgespraech/nationalpark-bayern-spessart-rhoen-100.html (Abrufdatum: 22.11.2016).

Bayerischer Rundfunk: „Dritter Nationalpark in Bayern? Unterfränkische Naturschützer für den Spessart" URL: http://www.br.de/nachrichten/unterfranken/inhalt/nationalpark-bund-umwelt-naturschutz-fuer-spessart-100.html (Abrufdatum: 22.11.2016).

Bayerischer Rundfunk: „Standortsuche für Nationalpark. Die Bürger werden begragt". URL: http://www.br.de/nachrichten/nationalpark-spessart-rhoen-100.html (Abrufdatum: 25.11.2016).

Bundesamt für Naturschutz: Naturparke. URL: https://www.bfn.de/0308_np.html (Abrufdatum: 25.11.2016).

Deutsches-jagd-lexikon.de: Forstbetriebsgemeinschaft URL: http://www.deutsches-jagd-lexikon.de/index.php?title=Forstbetriebsgemeinschaft (Abrufdatum: 25.11.2016).

IUCN- Schutzkategorie II: Nationalpark: https://www.iucn.org/theme/protected-areas/about/protected-area-categories/category-ii-national-park (Abrufdatum: 25.11.2016).

Lehrplan Bayern: http://www.lehrplanplus.bayern.de/fachprofil/mittelschule/gpg (Abrufdatum: 25.11.2016).

Lehrplan Bayern: http://www.lehrplanplus.bayern.de/fachprofil/mittelschule/gpg (Abrufdatum: 25.11.2016).

Lehrplan Bayern: https://www.isb.bayern.de/download/13264/04lp_gse_9_m.pdf (Abrufdatum: 25.11.2016).

Main-Post: „Nationalpark Rhön? Habermann ist skeptisch" URL: http://www.mainpost.de/regional/rhoengrabfeld/Biosphaerenreservate-Nationalparks-Umweltministerien;art765,9310970 (Abrufdatum: 22.11.2016)

Main-Post: „Nationalpark: Spessart mit guten Chancen" URL: http://www.mainpost.de/regional/main-spessart/Biosphaerenreservate-Laubwaelder-Nationalparks-Debatte-Bayern-Franken-Naturschutz-Naturschutzgebiete-Wald-Waldbestaende;art774,9311092 (Abrufdatum: 22.11.2016).

Main-Post: „Erste Gespräche mit Vertretern aus dem Spessart" URL: http://www.br.de/nachrichten/unterfranken/inhalt/spessart-nationalpark-vorgespraech-landtag-muenchen-100.html (Abrufdatum: 25.11.2016).

Schutzgemeinschaft Deutscher Wald, URL: www.sdw.de, (Abrufdatum: 25.11.2016).
Süddeutsche-Zeitung: „Rhön oder Spessart oder irgendwo" URL: http://www.sueddeutsche.de/bayern/naturschutz-rhoen-oder-spessart-oder-irgendwo-1.3241825 (Abrufdatum: 22.11.2016).

Süddeutsche-Zeitung: „Nationalpark-Pläne stoßen im Spessart auf Widerstand" URL: http://www.sueddeutsche.de/bayern/naturschutz-nationalpark-plaene-stossen-im-spessart-auf-widerstand-1.3105905 (Abrufdatum: 22.11.2016).

Spektrum.de: Tourismusverband; URL: http://www.spektrum.de/lexikon/geographie/tourismusverband/8186 (Abrufdatum: 25.11.2016).

Steigerwald: http://www.unser-steigerwald.de/blog/ (Abrufdatum: 25.11.2016).
Steigerwald-Steit: http://www.br.de/nachrichten/unterfranken/inhalt/steigerwald-nationalpark-streit-chronologie-100.html (Abrufdatum: 25.11.2016).

wwf.de: Schutzgebietskriterien, URL: http://mobil.wwf.de/fileadmin/user_upload/PDF/IUCN_Schutzgebietskriterien.pdf, (Abrufdatum: 25.11.2016).

6.4 Zeitungen

AUER Katja, SEBALD Christian: Nationalpark-Pläne stoßen im Spessart auf Widerstand. In: Süddeutsche Zeitung, 03.08.16

7. Abbildungsverzeichnis